掌上盆栽

——微型盆景制作与养护

林三和——主编

梅星焕——摄影

马伯钦——绘图

林三宏——文案

海峡出版发行集团 THE STRAITS PUBLISHING & DISTRIBUTING GROUP | 福建科学技术出版社 FUJIAN SCIENCE & TECHNOLOGY PUBLISHING HOUSE

图书在版编目（CIP）数据

掌上盆栽：微型盆景制作与养护 / 林三和主编；梅星焕摄影；马伯钦绘图；林三宏文案. —福州：福建科学技术出版社，2017.7

ISBN 978-7-5335-5317-3

Ⅰ.①掌⋯　Ⅱ.①林⋯ ②梅⋯ ③马⋯ ④林⋯　Ⅲ.①盆景－观赏园艺　Ⅳ.①S688.1

中国版本图书馆CIP数据核字（2017）第089408号

书　　名	掌上盆栽——微型盆景制作与养护
主　　编	林三和
摄　　影	梅星焕
绘　　图	马伯钦
文　　案	林三宏
出版发行	海峡出版发行集团 福建科学技术出版社
社　　址	福州市东水路76号（邮编350001）
网　　址	www.fjstp.com
经　　销	福建新华发行（集团）有限责任公司
印　　刷	福建彩色印刷有限公司
开　　本	700毫米×1000毫米　1/16
印　　张	8
图　　文	128码
版　　次	2017年7月第1版
印　　次	2017年7月第1次印刷
书　　号	ISBN 978-7-5335-5317-3
定　　价	28.00元

书中如有印装质量问题，可直接向本社调换

在盆景世界这个充满诗情画意的艺术领域中，微型盆景尤其可爱，特别引人注目。

微型盆景小巧、精美，摆放灵活，携带方便，制作成本低，创作周期短，因此越来越受到盆景爱好者的青睐。

如果你想自己动手来做微型盆景，本书将会带你入门，为你指路。

本书力求删繁就简，深入浅出，避虚务实，做到"简明、通俗、实用"。

简明——以微型盆景创作过程示意图为主线，安排大量彩照和插图，加以简明扼要的文字说明，图文并茂，简洁明了，便于理解。

通俗——在文字叙述中，除必要的盆景术语外，更多使用普通词语和俗称，便于交流。

实用——本书所有微型盆景小品全部是作者创制的，因而对每一件作品都了如指掌，其制作要领、造型特色将毫无保留地点击讲解。

愿本书成为读者的良师益友，更期望来日能观赏到诸位亲手制作的各式各样的微型盆景小品，同时欢迎对本书多提宝贵意见。

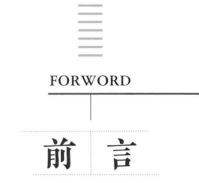

FORWORD

前　言

编　者

CONTENTS

目 录

基 础 知 识

（一）

微型盆景概述

　　微型盆景是盆景艺术不断发展创新的产物，又称袖珍盆景或掌上盆景。比它更精细的还有超微型盆景，又称指上盆景或迷你盆景。唐代古墓壁画中仕女手上的盆景及元朝高僧韫上人创制的"些子景"都足以证明，早在我国魏晋南北朝至宋元的中古时期就已经出现盆景小型化、微型化的趋势了。

　　微型盆景具有一般盆景的基本特征，也同样享有"无声的诗、立体的画"之美誉。然而，微型盆景并非是中小型盆景的简单缩小，而是更加精致，更加细巧。造型千姿百态的微型盆景充分表现了自然美和艺术美。盆小意境深，景微情趣浓。

　　微型盆景具有选材要求宽松、构思立意自由、培植周期短、制作难度小、容易携带、便于摆设、成本低、见效快等不少优点，因此已经成为国际上盛行的盆景款式之一。微型盆景的创作过程并不复杂，下文用概略流程图来表示，以供参考。

　　微型盆景在取材、造型、养护及艺术包装等环节上均有相应的要求。微型盆景盆小树矮，因此推荐选用雀梅、榆树、黄杨、米叶冬青、小蜡、大阪松、绒针柏、六月雪、小石榴等叶小、枝密、干短、易活的树种。造型构图以"视材立意"居多。在制作过程的每一步具体操作上均需精心细致，灵活运用基本技法。上盆、陈设还得注重"一树二盆三几座"的观赏要求。同时还常添

```
              树材准备
                ↑
用品准备   泥床培植   泥盆造型   艺盆成景   艺术包装   作品展示
盆 几 工   扦 分 高  现   绑 修 整   配 配 摆   拍 题 赏   装 公 参
钵 座 具   插 株 接  购   扎 剪 形   盆 座 件   照 名 析   饰 展 评
                    或
                    采
                    集
                ↓
              艺术构思
```

微型盆景创作概略流程图

摆件点缀，强化主题，并且通过命名画龙点睛，使人浮想联翩。

　　制作与养护微型盆景不失为生活中的一大乐趣，不仅可以活络筋骨、消除烦恼，还可以改善环境，有益身心健康。尤其茶余饭后之际，能够欣赏到自己做的微型盆景小品，一定会感觉到无比的轻松和愉悦。

（二）

造型设计主要模式

临水式造型

1. 临水式造型

　　临水式景树的根基定植于盆钵的一侧，而树木向另一侧倾斜。树干倾斜部分的长度不小于全长的1/2。斜干与盆面的夹角为30°～45°。树干笔直伸出或稍有弯曲，树形舒展。

　　临水式造型的特征是：主干斜立，枝叶倾出，重心外移。但树干不倒挂下垂。树冠横空，树影横斜，宛如岸旁、池边、溪畔、山涧的临水之木。植株枝叶分布比较均匀自然，枝干总体呈斜向，且斜中有变，极富动感。

2. 露根式造型

该式又称提根式。根部为主要观赏点。

露根式树根的形态多种多样，有呈三足鼎立之状的，有数根交叉盘旋的，甚至有发达的虬根比树干还长、根干难辨的。同时，树冠和枝干的变化也很多，同样有一定观赏性。

露根式造型的特征是：根部拱起在盆土之上，根系裸露于盆面上方，盘曲多姿，犹如蟠龙巨爪支撑着树体，既表现了其顽强的生命力，又衬托出整株景树的神态风姿。

露根式造型

3. 悬崖式造型

悬崖式系仿照自然界悬崖峭壁上的各种树态培育整形而成。景树先朝盆面斜上方伸出，继而折弯，主干及树梢向下生长。根据下垂的程度不同，又分全悬崖式和半悬崖式。树梢超过盆底的，称全悬崖；树梢未超过盆底的，称半悬崖。

悬崖式造型的特征是：树干自根颈部后弯斜、折垂，飘出盆外。主干倒悬角度大，枝叶则分布于倾斜的各适当部位，随主干而悬。

悬崖式造型

3

大树型造型

4. 大树型造型

大树型是大中型盆景常见的直干式树形在微型盆景领域中的灵活应用。

大树型景树的树身矮小，主干直立，或略有弯曲，分枝高度的选定很有讲究。针对直立主干的基本形状，枝叶的造型显得格外重要。由于不同树种枝叶的大小、间距、排列都有差异，整体树态还是变化多端的。

大树型造型的特征是：主干粗短、直立或略弯。左右分生侧枝，层次分明，枝壮叶茂，树冠浑厚，稳重端庄。

丛林式造型

5. 丛林式造型

丛林式又称合栽式，一般为3株以上植株集于一盆，表现原野丛林的自然景色。常采用树态差异小的同种树木，植株以奇数合栽居多。树干的布局至关重要。景幅要开阔，景深要纵远，一般主、副干前后斜置，左右离间。此外，树木的高低错落，粗细不一，也不容忽视。

丛林式造型的特征是：多株树木同栽于一盆之中，交错掩映，林深景阔，讲究高低、粗细、疏密、远近的呼应。

6. 卧干式造型

卧干式树干的主体部分大致与盆面平行，在盆沿附近突然翘起，向上生长，枝条树冠昂扬，树姿跌宕起伏，非常优美。根据树干卧势的不同，又有全卧和半卧之分，卧干贴近盆土的为全卧，卧干间离盆土的为半卧。

卧干式造型

卧干式造型的特征是：树干主体俯卧盆面，而后崛起，树冠形状多变。以横表现静，以扬表现动，整体动静有致，饶有野趣。

7. 枯干式造型

枯干式树干常伤残枯朽，木质部出现中空，但留下部分无损木质部及皮层，能勉强包裹支撑。往往裸根如爪，部分树体枯朽，如嶙峋枯峰，然而尚有枝干萌发绿叶，显露生机。如果枯秃发生于树干的顶部，即为枯梢式，或枯顶式。此式枯梢较粗，且枝繁叶茂。

枯干式造型的特征是：本干缺损，树肤斑驳，裸露出似虫蛀风蚀的木质部，极富苍古之气。

枯干式造型

附石式造型

8. 附石式造型

该式又称树石式，顾名思义，有树有石，树必附石。

附石式按照树、石体积的差异可分别归类于树木盆景和山水盆景。树大石小为前者，而树小石大则为后者，但微型盆景的盆钵、景树、山石都已够小，因而无细分必要。

附石式造型的特征是：树木栽种石山之上，或树根扎于石缝内，或枝干伸展于洞隙间，或根须环抱块石，树石巧妙结合，达到整体观赏效果。

双干式造型

9. 双干式造型

双干式景树为两株同种树木，双干双根，相互独立；或双干同根，即一本双干。两干大小相异，形态多变，并且相距较近，搭配适宜。更常见的是大而直的一干位于盆钵一侧，小而斜的一干则毗邻而立，其枝条向另一侧伸展。

双干式造型的特征是：一本双干或同种双株共植一盆，树干常一高一低、一大一小、一直一斜，树形富有变化。

以干数来分，还可有一本三干、一本多干等形式。

10. 劈干式造型

劈干式植株的主干被施加劈、撕等技法处理，将木本植物除枝叶、根须外的又一处观赏部位——树干作为重点，表现其枯、斑、节、裂等状态。同时，枝叶却崭露生机，曲枝绿叶，春意盎然。

劈干式造型的特征是：半边枯槁，斑驳陆离，树皮鳞波，满目伤痕，枝梢爆绿，枯荣共存。既有怀古恋旧之情，又含求生盼新之意。

劈干式造型

11. 微型文人树盆景

文人树是树木盆景的一种特殊类型，既指树形，也指风格，制作树形易，但表达风格难。瘦长的干、可数的枝、稀疏的叶、不大的冠、稍露的根、简朴的盆和座，这就是文人树盆景的外貌特征，这种树形在自然界较为少见，而在中国传统山水画中却经常出现，以画言志，抒发文人清高、自信的情感。

微型文人树大多单株直立，也有高低两株或多株并列，略斜略弯的，一般主株下部无枝部分约占树高的2/3。

微型文人树盆景

微型水旱盆景

12. 微型水旱盆景

　　这种形式的盆景实际上是石与树的组合。构图中有旱地，有水面，表现岸边孤树或水景一角。微型盆景树体小，盆面小，因此一般制作成独树式水旱盆景，盆内实际上也并未蓄水。

　　布局上，"水"与"旱"不是对称的两半，而是将景观一分为二，以山石旱地为主，以抽象水面为辅，相互呼应，求得均衡。从造型后的摄影构图来看，是一个树木水景特写镜头。

（三）

常用树种

雀梅

1. 雀梅

　　雀梅系鼠李科半常绿攀缘灌木。适宜在温暖的地方生长，喜阳光，稍耐阴；对土壤要求不严，酸性、中性土均可。树性强健，耐修剪整形，常用扦插法繁殖。

　　雀梅树姿奇特，妙在皱皮斑驳，形似虫兽；树枝细长带刺；叶片小巧而有光泽。可用作临水式、露根式、悬崖式、卧干式、双干式等造型。

2. 榆树

榆树系榆科速生落叶乔木。耐寒、耐旱、耐温，适应性强，适合疏松、含有腐殖质、排水良好的沙质土壤。因其萌芽力强，老茎残根栽植易活，耐修剪造型。

榆树

榆树姿态优美，潇洒挺拔，又有盘根错节、虬枝蜿蜒、苍老古朴等多种形态。可用作大树型、卧干式、悬崖式、曲干式等造型。

3. 黄杨

黄杨系黄杨科常绿灌木或小乔木。喜温暖气候和湿润偏阴的环境；对土质要求不严，适应性很好；对多种有毒气体抗性强，并能净化空气。其萌芽力强，耐修剪造型，常用扦插法繁殖。

黄杨

黄杨木质坚细，枝多叶小，长势缓慢；变种较多，如绿中带金边的称金边黄杨，叶子像小瓜子的称瓜子黄杨。可用作卧干式、附石式、临水式等造型。

米叶冬青

4. 米叶冬青

米叶冬青系冬青科常绿小乔木之小叶品种。喜温暖、湿润的环境和排水良好的酸性沃土；耐寒力较强；萌芽力极强，经绑扎造型并适时修剪，便可枝、叶并茂，因而为快速成型的首选品种。

米叶冬青枝柔叶细，深根多姿；株干皮层扭曲破裂后仍能较快复愈，颇显老态。可用作露根式、临水式、双干式等造型。

5. 小檗

小檗系小檗科落叶灌木，别名山石榴。喜凉爽、湿润、偏阴环境；耐旱，耐寒，适合酸性土壤栽植。变种有紫叶小檗，叶色紫红至鲜红，艳丽可爱。生性强健，耐修剪，常用扦插法繁殖。

小檗绿叶柔枝，叉刺丛密，春开黄花，秋结红果，花、果俱

小檗

美。可用作直干式、斜干式等造型。

6. 西湖柳

西湖柳系柽柳科落叶小乔木，正名柽柳、观音柳等。喜阳光，不耐阴；耐干旱，耐高温，耐寒冷；最宜在偏碱性的黏土中生长。生性顽强，根系发达，且萌芽力强。耐修剪和锯截，常用扦插法繁殖，极易成活。

西湖柳纤叶繁茂，鳞皮似松，苍翠如柏，柔姿好比随风杨柳。可用作悬崖式、劈干式、丛林式等造型。

西湖柳

7. 女贞

女贞系木樨科女贞属常绿灌木或乔木，同属的还有小叶女贞、小蜡等。女贞喜阳光，也耐阴；在湿润、肥沃的微酸性土壤中生长快速，中性、微碱性土壤亦能适应。萌芽力强，耐修剪整形。

女贞

女贞根深叶茂，灰干厚冠，并且负霜葱翠，振柯凌风，因此明清雅士钦敬其质，而贞女则仰慕其名。可用作露根式、临水式、双干式等造型。

合欢

8. 合欢

合欢系豆科落叶乔木。喜阳光，能适应多种气候条件；对土壤适应性强，在沙质沃土中生长更快。根系复生力特强。萌芽力弱，修剪有点难度。

合欢树冠开阔，细枝屈曲，羽片叶对生，纤叶绒朵，葱翠柔枝，十分清秀。可用作丛林式、双干式等造型。

薜荔

9. 薜荔

薜荔系桑科攀缘或匍匐灌木。喜温暖、湿润气候，喜阴湿；适合含腐殖质的酸性土壤。花叶薜荔是其变种，叶小，具粉红色和乳黄色斑驳。较喜光，若光照不足，其斑驳色彩会逐渐消失。

薜荔虬蔓纷垂，纵横交错，叶质厚实，深绿发亮，寒冬不凋，可用作附石式、悬崖式等造型。

10. 凤尾竹

凤尾竹系禾本科多年生植物，以矮而细的秆和小型叶区别于竹的其他栽培变种。喜温暖、湿润的气候，日常以置于阴凉通风处为宜；对土质要求不严，一般沙质土即可适生。

竹、松、梅素有"岁寒三友"之誉。凤尾竹姿势清秀，别有韵味，可用作丛林式、附石式等造型。

凤尾竹

11. 黑松

黑松系松科常绿乔木，针叶粗硬，二针一束。喜温暖、湿润的海洋性气候；习性好阳，但忌暴晒，耐干旱瘠薄，怕涝；在排水性良好的优质山泥中生长良好；易绑扎造型。

黑松树冠葱郁，枝干苍劲，根系发达。灰黑色的树皮，深绿色的针叶，姿态奇雅，矫健挺拔。可用作曲干式、大树型等造型。

黑松

大阪松

12. 五针松

五针松系松科常绿乔木，针叶短簇，五针一束。习性好阳，较耐寒，尚耐阴，忌湿畏热，不宜久放室内；适生于微酸性沙质土壤。其品种很多，而以针叶最短、枝条紧密的大阪松最为珍贵。

大阪松植株较矮，生长缓慢，叶短枝密，树形优美，是理想的造型素材。其历经风霜雪雨依旧泰然自若的品质受人赞赏。可用作曲干式、卧干式、大树型等造型。

锦松

13. 锦松

锦松系松科松属常绿小乔木。生性好阳，稍耐寒，喜温暖、湿润环境；在排水良好、肥沃的微酸性土壤中生长良好。枝干萌芽力较差，修剪整形时应加注意。

锦松老枝和树干粗糙，有的出现裂痕，树形随裂痕扭曲，树干凹凸奇特，古朴苍劲。可用作大树型、临水式等造型。

14. 地柏

地柏系柏科常绿匍匐灌木。喜阳光，也耐阴，适应性强；对土质要求不严，在中性、微酸性、微碱性土壤中均能生长，而湿润、排水良好、含腐殖质的土壤或沙质土更为合适；适宜于湿润、通风的环境，但忌水涝。易造型。

地柏

地柏枝条细长而柔软，绿叶细小而雅致，枝繁叶茂，层次分明，是很好的盆植树材。可用作附石式、悬崖式、卧干式等造型。

15. 真柏

真柏系柏科常绿灌木。喜欢光照充足、通风良好的环境，若久置阴处，叶丛会变得松软稀疏；适宜在沙质土或含腐殖质的土壤中生长。整形摘叶忌用剪刀，否则会使叶丛出现锈迹。经常摘除刺叶嫩梢，会使鳞叶增多、叶丛变密，常用扦插法繁殖。

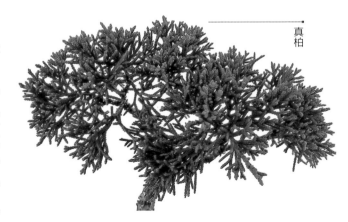

真柏

真柏虽皮层开裂，但依旧枝繁叶茂；或枯荣共存，仍然英姿不衰。可用作大树型、附石式、曲干式等造型。

绒针柏

16. 绒针柏

绒针柏系柏科扁柏属常绿小乔木，又名绒柏。喜阳光，耐寒，抗病性强；好生于湿润、通风的环境及疏松、肥沃、偏酸性且排水良好的土壤。易扦插成活。

绒针柏枝条柔软，便于造型。它树叶浓密，树冠呈圆锥形，耐修剪，生命力甚强，是制作微型盆景的极佳树材。可用作双干式、附石式、丛林式等造型。

菖蒲

17. 菖蒲

菖蒲系天南星科常绿多年生草本植物。性喜阴凉、湿润，稍耐寒；适应性强，泥栽、沙栽、水栽均可。有白蒲（泥菖蒲）、水蒲、石菖蒲、钱蒲等品种。如盆栽，应选疏松沙质土种植，或用水盆种养，以细石拥根。

菖蒲植株低矮、叶丛碧绿光亮，并且芳香宜人。不同的植盆不同的栽法，显示出各异的风姿，可采用几盆组合的展示方式，也可做成指上盆景。

18. 榕树

榕树系桑科常绿大乔木，适应温暖多雨的气候和肥沃、湿润的酸性土壤。喜阳光，稍耐阴，而不耐寒冷。冬季养护应有保温措施。繁殖以扦插为主，生长快，分枝多。

榕树根部隆起，枝干臃肿，枝叶稠密，树冠浓郁，享有"独树成林"之誉，而且枝节丛生气根，多细弱悬垂。可用作大树型、附石式等造型。

榕树

19. 对节白蜡

对节白蜡系木樨科白蜡属落叶乔木。喜阳光，耐高温、耐干旱，又耐水湿，好肥；适宜在中性或弱酸性土壤中生长。树枝萌发力强，耐修剪，常用扦插法繁殖。

对节白蜡

对节白蜡幼龄树皮光滑，呈浅灰绿色，老龄树皮有纵向深灰色皱纹。它是近几年来被广泛采用的盆植树种，由于环境条件不同，造型方式也不尽相同。

20. 三角枫

三角枫

三角枫系槭科落叶乔木。性喜阳光，也较耐阴，尚耐水湿和干旱瘠薄，适应性强。它是萌发力很强的速生树种，容易截干蓄枝，又极耐修剪，用扦插法或高接法繁殖均可。

三角枫干基粗壮，树皮皱缩，经线分明，三裂掌状树叶光亮奇丽。秋叶泛红，被赞为"霜叶红于二月花"。可用作斜干式、丛林式、象形式等造型。

21. 胡椒木

胡椒木

胡椒木系胡椒科多年生藤本，是近年来见于微型盆景的新树种。较耐旱，也耐湿；对土质要求不高，在沙质土壤、田园土、山泥里均适宜生长。养护方便，管理粗放，并且容易修剪，用分株法、扦插法都能取得理想的树坯。

胡椒木根系发达，树干斑驳，小叶对生，叶色黛绿，花容皎洁。它的根、干、叶通过修剪、造型都能有不俗的表现。形状奇特，可用作附石式、丛林式等造型。

22. 六月雪

六月雪系茜草科半常绿小灌木，又名满天星。喜温暖、湿润的环境，畏烈日，稍耐阴，怕严寒；对土壤要求不严，在肥沃、湿润、排水良好的沙质土中生长更好。主要变种为金边六月雪和重瓣六月雪，常用扦插法繁殖。

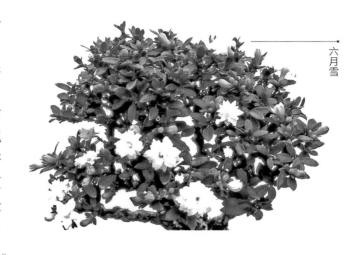

六月雪

六月雪植株短小，枝秀节密，叶片精细，盛夏白花灿然，雅洁非凡，而且多有悬根露爪、肌肤苍润、清逸奇美的姿态。可用作露根式、大树型等造型。

23. 迎春

迎春系木樨科落叶灌木，又名金腰带。适应性强；喜阳好肥，较耐寒、耐旱而怕涝；对土质要求不严，在微酸性、中性、微碱性土壤中都能生长，而在排水良好的沃土中生长更佳。

迎春

迎春带雪冲寒，为"花中先锋"，又与水仙、春兰、梅花、山茶等被共誉为"雪中之友"。每年之初，已见迎春绿条缀嫩黄，金英布翠萼。有的主干粗短，曲枝披垂，小花芬芳。可用作悬崖式、曲干式、露根式等造型。

紫薇

24. 紫薇

紫薇系千屈菜科落叶小乔木，又名满堂红。习性强健，好肥，喜温暖、湿润，喜光而稍耐阴；适宜在肥沃的沙质土或微碱性土壤中生长。花期特长，享有"谁道花无百日红，紫薇长放半年花"的美誉。

紫薇树干古朴光洁，枝条柔软，一经触动，颤动不已。在炎夏群花收敛之际，唯有紫薇仍满树红花，娇妍烂漫。可用作枯干式、露根式等造型。

25. 水杨梅

水杨梅系茜草科落叶小灌木，正名为细叶水团花。喜光，好湿润，尚耐涝，较耐阴、冷，畏炎热干旱；对酸性、中性土壤均能适应，但在沙质土中生长更好。易修剪绑扎，是造型成景的上佳素材，常用扦插法繁殖。

水杨梅

水杨梅枝条披散，俏丽婀娜，厚叶光滑，花球醒目。也有整形成矮桩枯斑、翠羽聚冠的，饶有风趣。可用作枯干式、临水式等造型。

26. 石榴

石榴系石榴科落叶灌木或小乔木。品种甚多，其中供观赏的果石榴更惹人偏爱。果石榴生性强健，适宜生长于日照充足、空气干燥的环境，若长期在阴处生长，则不易开花；微酸性、微碱性土壤均能适应，土质以沙壤土为宜。

石榴

果石榴历来以花果并重、丹葩悬珠而闻名遐迩。初春新叶红嫩，入夏花繁似锦，仲秋硕果高挂，深冬铁干虬珠。可用作丛林式、双干式等造型。

27. 枸杞

枸杞系茄科落叶灌木。喜阳光，也能耐阴，喜温暖，也能耐寒，好肥恶湿，适应性尚强；对土壤要求不严，而在排水良好的弱碱性沙质土中生长更为适宜，根、叶、果各有药用价值。

枸杞

枸杞根干虬曲多姿，分枝细长纷披，秋后柔枝蔓条上缀满殷红小果，有如点点珊瑚，灿然夺目，经久不凋。可用作曲干式、临水式等造型。

南天竹

28. 南天竹

南天竹系小檗科常绿灌木，又名天竺、天竹。生性强健，容易成活；喜温暖，较耐阴，适宜于湿润的半阴环境；对土壤要求不高，但必须排水良好，否则容易落叶，也难结果。

南天竹茎干挺拔，劲枝横斜，绿叶扶疏。秋冬叶色转红，并且果叶同辉，鲜艳悦目。可用作丛林式、双干式等造型。

金银花

29. 金银花

金银花系忍冬科忍冬属半常绿缠绕藤本。喜阳，也耐阴、耐寒、耐干旱和水湿；对土壤要求不严，酸性、碱性土均能适应。花蕾、茎枝、叶片皆可入药。可用扦插法繁殖。

金银花藤蔓缭绕，冬叶微红，花期较长，春夏开花，初开时白色，后变黄色，略带紫晕，且清香宜人。既可赏花闻香，又可观景。可用作临水式、悬崖式等造型。

前 期 准 备

　　在动手制作微型盆景之前需要做好各项准备工作，除了植物生长所必需的泥土、水、肥、农药外，盆钵、几座、摆件、工具等制作用品和构成主景的树材也是必不可少的。

（一）

用品准备

1. 盆钵

　　常言道：盆上有景，景生盆上。盆钵不仅为景树提供生存场所，而且还圈定了构图范围。同时，有些盆钵本身就是工艺品，具观赏价值。好树配好盆，如同锦上添花。盆钵种类繁多，从材质看，微型盆景制作中通常使用紫砂盆、釉陶盆、石盆和瓦（泥）盆。泥盆一般用于栽植养护树坯，石盆用于水旱式盆景，釉陶盆用于对颜色有特殊要求的盆景。紫砂盆造型美观，色泽素雅，透水透气性能俱佳，是用得最多的景盆。款式各异的景盆（也称艺盆）如下面诸图所示。

方口盆

圆口盆

马槽盆

签筒盆

象形盆

指上微型盆景用盆

2. 几座

景树配上盆即成盆景，而盆景不离于盆，又不止于盆。假如景盆直接与台面接触，势必有"头重脚轻"的感觉，有违欣赏习惯。在它们中间加入几座，便能承上接下，改善视觉效果。

几座多由木材与仿木材料加工而成，种类不少，如下面诸图所示。

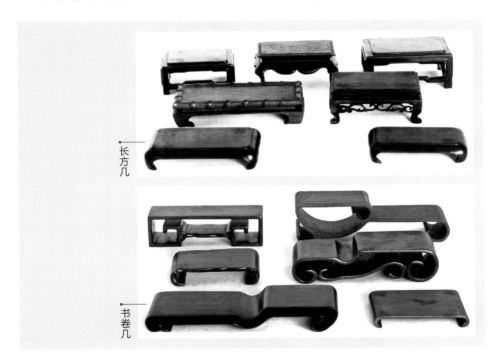

长方几

书卷几

矮方几

矮圆几

连体几

枕头几与其他

高凳圆几

高凳方几

3. 摆件

中国盆景讲究"形神兼备",而微型盆景要做到以小见大、情境交融,往往借助于添置摆件。摆件的点缀可以充实画面,增添趣味。此外,摆件在景盆内所起的比例、透视作用更是不容忽视的。

做工精细、形象生动的小摆件品种很多,如下面诸图所示。

陶塑彩釉组合人物摆件与其他

陶塑彩釉单人摆件

陶塑彩釉乐人摆件

陶塑人物摆件

陶塑牧牛摆件

陶塑猴子摆件

石刻人、屋摆件

4. 工具

"工欲善其事，必先利其器。"制作与养护盆景使用的工具如下面诸图所示。

（1）剪刀

开口剪：遇到粗干树材弯曲造型有困难时，用该剪将粗干中部剪穿，开

29

出一段纵向裂缝，再弯干就较容易。

斜口剪：用于疏剪浓密枝叶深处的树枝。

凹口剪：用于去除树干或主枝表面有碍造型的疙瘩。

剪枝剪：用于剪枝。

剪叶剪：平时经常使用，修剪树叶、细枝。

眉剪：用于指上盆景（超微型盆景）剪叶。

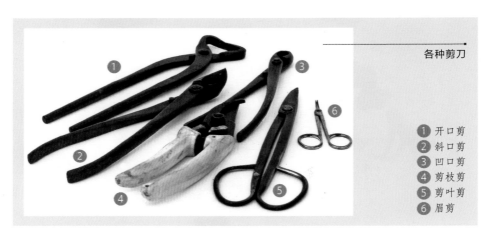

各种剪刀

1 开口剪
2 斜口剪
3 凹口剪
4 剪枝剪
5 剪叶剪
6 眉剪

（2）雕刻铲刀及镊、钳

钢皮尺：丈量用。

半月铲：用于修饰枯干式植株的主干，使它表面粗糙、皱裂。

弯铲：伸入树孔内清除朽木。

尖嘴钳：夹紧或夹断绑扎用的金属丝。

镊子：用于镊修菖蒲之类草本或拔除盆土中的杂草。

扁平铲：用于劈开树干或铲平主干、粗枝表面的突出部分。

各种雕刻铲刀及镊、钳

1　　　钢皮尺
2 3 6　半月铲
4　　　弯铲
5 7 8　扁平铲
9　　　镊子
10　　　尖嘴钳

（二）

树材准备

微型盆景的主材是树木，获取树材的主要途径有市场选购、荒野采集、扦插、分株、高位繁殖等方法。

1. 市场选购

人们在商场购物时一般注重商品的外表与质量，到花木市场挑选树材也同样如此。一棵好的树材大凡需具备的条件是：树干要下粗上细、健壮有力；树皮有点特色，或光润、或斑鳞、或有颜色、或有韵味；主枝配合主干组成

花木市场一角

的自然形态要粗细合理、疏密得宜；树根要发达，盘旋交错或粗壮隆起的也不错；树叶要细小、健康。其实树形条件不一定也不可能十全十美。有些外在条件并不完美的树木在行家眼里却是有用之才，究其原因，是因为这些树木尽管"貌不惊人"，但很有可能经过剪截、疏剪、造型、修饰等一系列"整容手术"后会变得"眉清目秀"，成为佳品。这说明行家更看重树木的质量，看重它的内在潜力。选材的诀窍说穿了就是长期经验的积累和不断实践的结果。读者在动手制作微型盆景一段时间之后也照样能够逐渐领悟选材的关键，况且用于微型盆景的小型树桩不像老桩要求那么苛刻。小树桩生长速度快，易萌发，耐修剪，可塑性强。相对而言，好的素材多，挑选的余地就大。

2. 荒野采集

在不违反环境保护法规的前提下，可以到郊外、山野、河谷、路旁、废墟等处寻觅野生树桩。不少树桩受到自然界风雪雷雨等外力作用形态改变，多显苍老、虬曲、矮化，这对于盆景制作走捷径提供了方便，而且那些在恶劣的环境中生存下来的野桩更适宜作盆景素材，略加改造后就能成为理想的树坯。常见的野生桩有雀梅、黄杨、六月雪、米叶冬青、榆树等。

外出采集时间安排在当地秋季落叶至来年开春发叶期间为妥。如有把握，可以就地对选中的树材做些初步疏剪，把超长枝干截短。取回后有必要对树桩作调整性修剪，随后植入泥盆培养。刚入泥盆的树材管理要比平常更加精心，土壤水分比正常情况略多一点。过后主要是围绕控制生长、控制外形来进行树坯管理。

3. 扦插

扦插是微型盆景获取树材的重要方法。好多年前的一个夏天，作者惊喜地发现雀梅盆景内多了几株小雀梅，原来是早先修剪树桩时没有及时清理盆面，有些散落的枝条生根成长，发育为独立的小雀梅。此后在其他树种修剪时便有意识地选择多余的、姿态好的枝条进行扦插，最终做成了多件指上盆景小品。

其实，只要环境条件适宜，许多树材都可以通过扦插方法取得。具体做法是：常选择初春时节或空气湿度大、阳光少、气温适中的梅雨天，从修剪盆景时所弃下的枝条中选取较健壮、有形的枝条，插入泥床里，加以养护。一段时间后，枝条发根，便成为独立的树体。

在泥盆里养护的扦插苗

扦插苗做成的指上盆景

从盆栽小叶合欢的树丛中选择、剪取
1~2年生粗壮而无病虫害的枝条作为
插穗。

插条下端的剪口应有一定的斜度，切面须平
整。将靠近切口的枝叶剪除，但需保留3~4
个节芽。

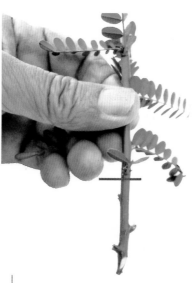

扦插的入土深度应为插条长度的1/3~1/2。

插床要使用排水、透气性能良好的
配制壤土（山泥：河沙：草木灰＝
3：1：1）。完成枝插后立即浇一
次透水，过后需每天向插条喷雾2~3
次，同时应注意插床泥土不宜过湿。

枝插存活 2 年的小叶合欢生长旺盛。

4. 分株

这种方法简单易行，成活率高。分株就是将灌木类、藤本类等植物根茎部萌发的新株分蘖切开，培育成独立的新植株。常绿树种的分株时间定于春、秋及梅雨季节均可。分株操作时，切取的新株应带上部分须根和宿土，这样容易成活。

切开根茎部的分蘖新株

分成独立新株

5. 高位繁殖

对于母树分枝中超长、粗壮而姿态尚可的枝条，可在其生长旺盛期内实施高位繁殖（高接法）。具体做法是：在合乎造型要求的枝干部位，用锋利刀具进行环状切割，皮层深度以不伤及木质部为度，长度约为受割枝干直径的2倍。随即将这段皮层剥下。然后在所剥皮层的下部用绳子固定塑料薄膜。翻起薄膜，形成圆袋状。再往圆袋内均匀地填满掺有少许苔藓的湿润培土，让它严密地覆盖住枝干的受创面。随后将塑料圆袋收口扎牢，适时喷水，让袋内培土保持一定湿度。约一个月后，可透过塑料薄膜看到根系生成，此时便可从生根处下部截断枝干，修剪好上部枝叶，转入移植管理。

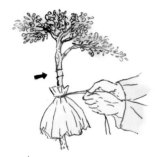

① 在生长旺盛时期，用锋利刀具环状切割剥皮，再在其下部固定塑料薄膜。

② 向上翻起薄膜，形成圆袋状，放进湿润培土，再扎牢，保持土的湿润。

③ 适时喷水，促进生根。

④ 透过薄膜看见根系生成，可用剪刀截断主根，修剪树叶。

⑤ 上盆、绑扎、修剪、定型后置于泥盆或泥床，进行日常养护。

（三）

艺术构思

　　凡是艺术都离不开构思。譬如泥雕需要"立意在先"，经过构思，画出蓝图，然后对泥坯进行艺术加工，最终做成一尊雕像。微型树木盆景与雕塑有相似之处，但也有很大不同，因为盆景是有生命的，是活的雕塑，此为一。其二，做微型盆景当然也可以"立意在先"，而实际上更多的是"视材立意"，面对已长成有形的树坯进行构思，确立主题及加工方向。

　　那么如何做好"视材立意"呢？简单讲，就是要奏好"三步曲"。第一步，观察。先看一下树材全貌，取得初步印象，再细察树根、主干、枝叶等重点部位，然后又重新审视面前的树材，上下左右打量一番，获得深刻印象。第二步，思考。根据树材整体形象及根、干、枝、叶的特点，用笔或在脑子里勾勒出几个造型方案。第三步，定案。从自己的兴趣爱好、造型的难易程度考虑，做些方案比较，最后拿定主意，明确一种造型模式。

　　现举例说明。如图所示，这是在泥盆中经过短期种植的孔雀兰树坯。对它进行观察后，获得了"树身不高，根系发育一般，三干大致并列，有直有斜有曲，枝繁叶茂，长势良好"的总体印象。据此，可有一本三干式、临水式、大树型三种造型方案，再经斟酌，决定舍弃左侧一干而留下曲斜

树坯

两干，按临水式造型方向实施操作。

对微型盆景创意而言，尽管可划分成若干造型模式，但其本质是法无定法、不拘一格的。作为景树构思设计主要对象的根、干、枝叶的相互配合

初始树材

半成品微型盆景

固然决定了树型总体设计的大方向和主题意图，但是同样的斜曲干树木，依靠人工技艺，并非一定做成"临水式"，也可做成"悬崖式"；同样的直干树形，并非必定做成"大树型"，也可做成"曲干式"或"枯干式"。

当你看到上边两张照片时，可能难以相信泥盆中的那棵树坯和半成品微型盆景中的那株景树竟是同一棵树！这正体现了艺术构思的奇妙。

制 作 步 骤

及 技 法

（一）

制作步骤

　　在掌握了微型盆景常识和必要的花木栽培技术的基础上，就可以尝试做微型盆景了。为便于读者理解，下面采用图解法把微型盆景制作过程简化成若干步骤，并分别配以说明。

1. 微型盆景制作步骤图解

　　（1）树坯改造法制作步骤图解

❶ 来源于市场选购或荒野采集的树材经定型修剪和泥盆培植后，到春季或秋季开始制作。

❷ 按造型构思，剪去多余的枝条，剪切口应平整，并用乳胶涂封创面，以减少水分蒸发，防止细菌侵入。

③ 用金属丝对树干、树枝进行绑扎。缠绕的角度约45°，金属丝的粗细及线距应视树材枝干大小而定。依照造型构思将树材小心地弯曲成形。

④ 经过数月后树木定型。拆除金属丝，并将树木从泥盆中脱出，剪短根须。

⑤ 随即将已造型的树木植入相匹配的艺盆中，调整树木位置，待满意后壅土定位。上盆后可用包塑电线将树、盆固定。以防景树松动。

⑥ 对刚做好的微型盆景浇一次透水。然后，把它放置在沙床（或泥盆）中养护，保持一定湿度。

（2）扦插法制作步骤图解

1 取材：初春或深秋时，截取多余的有形的粗壮枝条，长度约10厘米，截口要临节，并剪成斜面，以增大发根面积。

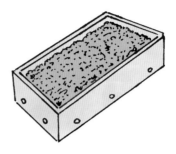

2 泥床：泡沫塑料箱或木箱，内放5份优质山泥和1份草木灰。靠近箱底处开些排水孔。

3 扦插：将已取枝条的1/2～2/3植入土内，浇足水，避免强光和大雨。经常喷雾，保持一定湿度，以防插条因脱水而失活。

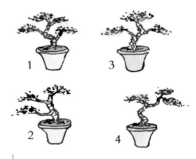

4 移植：待植株壮实时，对它们进行修剪、绑扎、整形，随后分别移植至泥盆。不急于施肥，一般养护2周后方可施以薄肥。

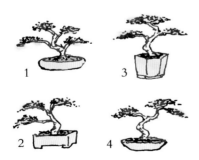

5 上盆：在植株成形后拆除金属丝，分别配置合适的紫砂盆，垫土前盆底排水孔上应铺塑料纱网或树叶。然后分别上盆，各就各位，都浇一次透水后转入日常养护。

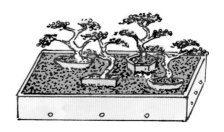

6 养护：初学者可将小盆景放置在沙床内，构成湿润的小气候，有利于景树健壮生长。

2. 指上微型盆景制作步骤图解

① 挑选一棵扦插成活、长势良好的地柏，对其主干上部进行剪截，促使下部侧枝生长，并适时摘叶，控制树形。日久便成了图中那棵又矮又壮的地柏树材。

② 对主干下部进行修剪，修剪部位的长度约占主干总长度的1/3。这次修剪是为绑扎、弯曲主干做好准备。

③ 用铁丝绑扎树干，随后小心地由下而上逐步弯曲主干。弯曲必须按照树干的走向顺势而行，同时对侧枝也要绑扎整形。

④ 养护半年左右，待有3个弯度的主干基本定型后，拆除铁丝。如果长时间不拆除的话，将会造成铁丝嵌进树干的不良后果。

⑤ 因为绑扎整形后的这株地柏底部还不够粗壮，所以选配了口径较小的方形签筒盆。将曲干式造型的地柏植入盆内，然后在根基土面上放块小英石，弥补整体外形"头重脚轻"的缺陷，改善了视觉效果。

⑥ 根据这盆小地柏主干曲折、枝叶蜿蜒、树尖飘出盆外的特点，联想到民间俗语"水中捞月一场空"，就在树尖挂上一只小陶猴，呈"金丝倒钩"状，并题名为"捞月"。当手捏这盆指上盆景举高时，题意也就不言而喻了。

捞月

（二）

造型技法

　　微型盆景造型技法有绑扎、修剪、摘叶、抹芽、提根、劈干等多种，其中绑扎和修剪最为重要。

　　微型盆景常用铜丝、铁丝或包塑电线绑扎，应注意几点：①金属丝的粗细约为绑扎枝干粗度的1/4；②绑扎起点要固定牢，缠绕密度要适当；③绑扎的顺序是先树干，后树枝，先下部枝条，后上部枝条；④弯曲的顺序是先树干后树枝，并由下而上，循序渐进；⑤绑扎、弯曲后要远望近看树体形态，对欠佳处作些调整。

　　修剪是维持树形不可缺少的手段。微型盆景的日常修剪要加倍小心，修剪的时间因树种不同而有所差别。落叶类树木一年四季均可修剪，雀梅、六月雪等萌发力强的树种每年要修剪3次左右方可保持树形，生长缓慢的松柏类树木每年修剪一次即可。根据不同需要，修剪有疏剪、短剪和强剪之分。

1. 疏剪

　　疏剪就是把不符合造型需要的枝条剪除。这种剪法除了可达到造型目的外，还能确保植株通风透光，生长良好。

这盆石榴主干壮实，但分枝却被茂密的树叶遮盖，不甚美观。

修剪过密的树叶，同时仍要保持整体树形的完好，特别是当年生的新枝梢切勿去掉，因为这些枝条顶端的花最易坐果。

疏剪对协调小石榴各部位合理生长，改善盆树的姿态，促进开花结果都起到了重要的作用。

经过一段时间的精心养护，这盆石榴小盆景便开花结果，令人心醉。

2. 短剪

短剪就是根据造型的需求，把枝条剪掉一部分，保留一部分。这种剪法可刺激留枝萌芽而新生侧枝，更重要的是能使植株相对变矮。

用剪枝剪把影响树形高度和外观的枝条或长得过长的枝条剪短，但须注意不能破坏苗木的整体树形。

经过短剪后的树木形体与原型相比，明显地矮了一截。

3. 强剪

这是一种较为独特的造型技法，即把苗木主干强行剪去相当大的一部分，而在适当部位保留几根长短有别的枝条。该法经常在改造现有树材时使用。

（三）

特技处理

除上述造型技法外，还有些特技处理方法，这里举常用的两例。

1. 以干代根

创作本无格式限制，贵在随机应变，灵活掌握。有棵扦插的迎春，经观察，它的主干特长，而且有两处大拐弯，于是在初春期刮去低处曲折部位的树皮，让它深埋于盆泥里，期待刮伤部生根，此法与高位繁殖法异曲同工。

刚入秋，作者就赶紧将杂乱的树叶剪短整理后取出景树，不料事与愿违，发现主干刮伤部须根寥寥无几，而原来的树根却相当发达。经琢磨，决定来个"以干代根"的创意，于是，将其发达的根须剪短，为下一步整形上盆作准备。

迎春扦插树坯

用两根粗细合适的包塑电线将呈"N"形折弯的下部主干拧拢，然后把整好形的迎春植入艺盆中，调整到理想的位置，这时我们看到盆面上出现了新的树姿：倾斜的主干似乎较整形前"缩短"了，而左下方拱起了"露根"。一件以干代根的临水式微型盆景就这样做成了。

出土的迎春景树

整形后的迎春微型盆景

2. 主干增粗

① 这棵小黑松幼树已初具姿态，但从造型角度看去，嫌树干基部过于细直，不够美观。

② 用开口剪将主干细直段剪穿（此改造技法宜于春初秋末实施）。

③ 把一块大小合适的片石嵌进树干被剪穿的裂口内。

④ 裂口中片石与树干内创面之间肯定存在缝隙，用湿黏土加以填充。然后再用黑胶布自下而上缠绕，包扎伤口。

黑胶布

湿黏土

⑤ 约过半年，创面渐愈，便可拆除黑胶布。

⑥ 小黑松树干基部与原形相比，已显粗壮。石片暂存留树中，估计一年后会更好看。

主干增粗后的小黑松

制 作 实 例

（一）

悬崖式微型盆景制作

这盆地柏树材是用扦插法取得的，已经成活 2 年。在此期间没怎么修剪，日常养护着重于肥水管理，任其疯长。

地柏树材。

待盆土较干时，用铲刀将地柏从泥盆中取出。

先剪断主根，再剪短须根，并保留部分宿土，以便上盆。

对多余的枝叶及长势较弱的树叶进行疏剪，保留位置适当的侧枝。

剪枝实质是留枝，截干实质是留干。经过进一步剪截，保留了适当长度的主干和适当位置的侧枝。这时，树形轮廓及预期的姿态已经初步显露出来了。

这株地柏的主干呈单向走势，是制作悬崖式盆景的理想树材。采用硬度适宜的铜丝，沿主干走向作顺时针方向缠绕。

在主干缠绕完毕后，再用稍细的铜丝缠绕各侧枝。然后适当用力弯曲主干及侧枝，使其倒悬角度加大，而枝叶也就随同下悬。

将经过造型的小地柏植入与树体相匹配的四方签筒盆。上盆前，要在盆底泄水孔处放上树叶或塑料纱网，并使掺入少许草木灰的优质山泥作盆土，以便排水畅通。

待取得较为满意的效果后还需浇一次透水。至此，制作过程即告结束。

植株上盆定位时，应注意主干弯悬一侧的底端不宜紧靠盆口边缘。定位之后，还要再作一番整体修剪，尽量做到树形疏密有致。

（二）

指上微型盆景制作

1. 榆树（临水式）指上微型盆景

这棵小榆树在时年春季曾作了一次改造。当时，虽然树丛蓬径与主干粗度的比例甚为理想，但可惜主干过长。于是将干身近根部1/3处的树皮作了刮除处理，刮掉的树皮原则上不超过干身周长的2/3。再在伤口周围抹上掺有少许生根粉的湿泥，植入小泥盆，期待日后伤口部位生发新根。

如今已时值初秋，将小榆树从泥盆中取出时，发现原先刮掉了树皮的伤口部位已经长出新根。随即将主干截短。

截干处理之后，经过仔细观察，认定新根的数量尚可，不必再返回泥盆继续养护，可直接上盆，一步到位。

挑选一只六角签筒盆，剪取小块棕丝网，把它铺垫在盆内底面的泄水孔上，以防浇水时泥土流失。

上盆壅土定植后，马上用浸水法让盆树吸足水（一般3~5分钟），随后将盆景放到通风的荫蔽处，养护半个月后可移至阳光下转入日常管理。

2. 薜荔（垂枝式）指上微型盆景

这棵小薜荔是用扦插法获得的，已先后在泡沫塑料箱泥床和小蛋壳盆内培育、培养、控制约3年时间。

从小蛋壳盆内取出植株时，意外地发现近根部的一侧枝处已发小须根。于是，剪取带有须根的那条侧枝，重新种植到泥床中，说不定来年又可获得一株好苗木。

剪除侧枝后的小薜荔经过一番修剪、绑扎和弯曲造型，垂枝式树姿已初步成形。

把成形的小薜荔种植在刻有字画的圆口指上艺盆内，树盆一体，相当美观。

（三）

大树型微型盆景制作

泥盆中的这棵红花苦豆已经养护了 2 年，通过日常枝叶修剪以及施加适量花木矮壮素控制树形，现已初具大树姿态。

55

初具姿态的树材。

剪除过长的枝叶，并对小树外形作修剪造型，使它呈现大树轮廓。

"整容"后植株主干短矮，并伴有露根，侧枝与主干的长度比例适当，不必再多加干预，整体树形基本满意。

将整形的树材移植至马槽盆中，上盆时调整一下植株的位置和角度，突出大树型的神态，定位后用包塑电线将其固定。

浇一次透水后放到避风处养护，半月左右再转入日常管理（景树实测高度12厘米）。

（四）
一本双干式微型盆景制作

这棵盆树是一年前用分株法从一丛生的米针柏中分离出来的，经过泥盆养护，现已初具姿态。

借助修剪，树形趋近一本双干式，又有点临水大树的风姿。

将植株从泥盆内脱出，对其主根及须根进行剪截，为上浅盆做好准备，一般移植或上盆时间都选择在春秋两季。

因为双干植株长相比较理想，所以只对其分枝作铁丝绑扎，弯曲弧度应自然合理。作者倾向于枝叶侧重单边的做法，这样有利于表现动感。

修剪树叶需随时考虑、照顾整体树形，要做到有疏有密、有聚有散、有争有让。树冠轮廓以近似不等边三角形为佳。

将修剪好的小树移植到椭圆形浅盆中。小树上盆的最佳位置在椭圆长轴线上，并且偏向一侧。定位后用一根包塑电线把它固定住，防止松动、移位。

在盆土表面铺设苔藓，再放置2块小英石。这样做，不仅可以营造出原野的意境，而且能够防止浇水时表土流失。

（五）

一本三干式微型盆景制作

这棵扁柏是从花卉市场购得，经过春、夏两季的养护，已变得枝繁叶茂。同年9月中旬，将其从泥盆铲出，进行制作。

先将那些不必要的杂乱枝条剪除，再短截过长的枝叶，使树形保持低矮、紧密的姿态。

该扁柏露出 3 根枝干，是制作一本三干式微型盆景的上佳树材。剪去过长的须根，弃除1/2 左右的旧土，并保留部分宿土，为上盆作准备。

选用粗细适宜的专用铝丝进行绑扎，左右两侧的枝干可用较粗的铝丝缠绕，中间的枝干则用细铝丝。铝丝的粗细一般以枝干粗度的1/3 为好。

按照造型的构思意图进行弯曲。这棵扁柏的左侧枝干较长，应向左面倾斜，呈现横空动态之势。

把改造后的扁柏植入长方形盆钵的右侧，盆面左侧则留有适当的空间，从而营造出入画的意境。

种植后还需修剪整体树形，使枝丛疏密有序、错落有致。

作品完成后，给人耳目一新的感觉。待水浇透后，应将盆景移到阴凉处养护半月余，再置于阳光下培育。2年后，该盆景便具较好的观赏价值。

（六）
微型水旱盆景制作

选一只长方形大理石浅盆，用水泥将几块大小不等的龙骨石黏接固定于盆面。

布石要求简洁，切忌四周铺满石块。上盆的几块石头中，那块最大的准备添放摆件的主景石一定要选得好，力求自然、合理。待水泥干透（2~3天）后方可植树。

挑选一棵基本成形的绒针柏小树，大小与浅盆相匹配。

将小树从泥盆中脱出，并剪截主根及须根。

用粗细适宜的铁丝绑扎分枝。

将小树植入石盆中，植树的位置在主景石背后的空白处，定位后随即用黏性田园土壅培，树石间隙及石缝处都需填实，防止日后浇水时泥土流失。

在培土表面铺设苔藓，浇透水，再将陶塑渔翁摆件放到主景石上面，然后修剪枝叶，调整树形。

最后配上一副枕头几，整个制作过程结束（树枝上的铁丝待景树定形后拆除）。

（七）

抱石型微型盆景制作

作者用根插法培育了一棵根系众多的榆树，在泥盆中已养护2年时间。

将榆树从泥盆中铲出，对其进行初步修剪，剪去过长、过密的枝叶。

抱石型微型盆景所用的山石，应以小、瘦、皱的硬质山石为佳。其石质硬而坚，不易破损，石上的纹理比松质山石美观，如英石、戈壁石、湖石等。

将榆树的根贴靠在小英石上，并用粗度适宜的包塑电线把树根绑附在石块上。

抱石榆树植入方形盆钵后还需修剪，使生在顶部的分枝显露出来。由于此盆有一定的深度，所以不必将石与盆底固定。

作者选用盆钵"为善最乐"的一面为观赏面，以示追求真、善、美的意愿。该作品尚需养护2年左右时间，才能显出优美姿态。

（八）

丛林式微型盆景制作

供选用的迎春小树在蛋壳泥盆中养护了一年时间，现已可使用。丛林式微型盆景一般采用同种树木，且树态差异较小的为妥。

65

丛林式微型盆景宜用长方形浅盆。由于盆面有合适的长度，造景的经营位置、布局章法最为得心应手，能制作出入画的盆景来。

选一棵树干较高的迎春为主树，另选2棵较矮的迎春作为主树陪衬，然后进行初步修剪。

将主景的3棵迎春植入长方形浅盆的左侧，并用包塑细电线将树固定。树干间的距离及高低应有疏密、错落的变化。

把副景的2棵迎春植入盆的右侧，再将较矮
小的那棵往左略作倾斜，以求呼应。由于植
后树体尚稳定，就不必用包塑细电线绑扎了。

修剪整体树形，剪除过密、过长的枝叶，使
树木间通风、透光，保持较低矮的形态。

经过仔细观察，发现右侧那棵较大的迎春树过于左倾，与主景不够协调，随即进行调整。

　　丛林式微型盆景制作要领：树木有主有次，有疏有密，有高有低，有前
有后。

微 型 盆 景

再 创 作

（一）

半悬崖式改作全悬崖式

那年初春受花友之托，结合翻盆、换盆，对一盆半悬崖式榆树作二次改造。当时盆树枝叶徒长蓬散，树形很不理想。

现在这盆榆树是历时一年多养护修剪的树貌，虽较原形有所改善，但盆钵偏大，根部疏松乏力。

将榆树从盆钵中脱出，发现盆土板结，根须贴壁密生，急需更换新土。

剪去较长的须根，仅保留约1/3的宿土。

修剪枝叶，留住三个侧枝。用包塑电线绑紧根部，让分散的粗根聚拢。

选定一个式样、色彩俱佳的方口签筒盆，将小榆树种植在盆内，并用包塑电线借助盆脚固定主干，使盆树呈全悬崖模式。

准备等到来年春末给它松绑，然后再对下方"S"形树干继续改造。

（二）

树体主干瘦身改造

　　盆树的主干是造型的基础，它的基本形态关系到盆景造型的全局发展趋向，并将影响作品的整体构成形式。这里介绍一则微型盆景主干瘦身改造的实例（树高 11 厘米，横长 13 厘米）。

这盆主干健壮的小蜡树看上去体态臃肿，不大雅观。时值 2 月下旬，新叶萌芽，决定在摘除旧叶的同时对小蜡主干进行瘦身改造。

用半月铲对干身作雕刻处理。操作面必须掌握分寸，原则上铲掉的树皮不得过半，否则水线全被切断后，势必会产生植株枯死的恶果。拿捏盆树的手需带好手套，以免误伤。

实施了瘦身手术后，小蜡主干显得简约壮实。树身创口处可用多菌灵涂抹，以防病菌感染。

3 个月后，即 5 月下旬，盆树已是新叶满枝，颇具风姿。

修剪整理树叶，让小蜡树桩的分枝线条充分展露出来。

转入日常养护。估计 2 年之后，树形将会愈加令人满意。到那时，枝繁叶茂，将展现出"刚猛、坚毅"的理想树形。

养 护 要 领

（一）

环境

　　家庭养护微型盆景的场所应该具备两个基本的条件：一是光照充足，二是通风良好，可以选择阳台、窗沿、天井、晒台等处放置盆景。为了更好地利用有限的空间，可以将微型盆景浅埋于大中型盆景空余的盆面内，这样还

大中型盆景上放置微型盆景

能营造湿润的微域气候。另外，自制简易沙床也不失为一种好方法。先在浅泡沫塑料箱内放满湿沙，然后让微型盆景坐置其间，同样有滋润作用。但是必须在浅箱四周近底部处开设泄水孔，以利浇水之后及大雨天排水畅通。

盛夏，只要养护得当，并非需时时遮阳。若养护者早出晚归，则需适当遮阳，以防盆景脱水。同时，要经常用细孔喷壶对植株周身喷洒叶水。冬天，可以采用自制塑料薄膜盆罩来保温。除了松柏类特别耐寒的树种和南方暖冬地区外，在严寒时节，应将微型盆景移至室内，避免冻坏。置于室内时，有些盆树还得适时喷洒叶水，以保持一定的湿度。

（二）

水肥管理

微型盆景盆小土少，盆面一般不留水槽，因此在每次浇水时要反复浇灌，直至浇透为止。另外，也可以逐盆放置在贮水容器中浸泡，但时间不宜太久。浇水一般应遵循"不干不浇，浇则浇透"和因树而异的原则。炎夏，气温高，空气干燥，盆土含水量常跟不上植株蒸腾的需求。因此，要常用细孔喷壶对植株周身喷洒叶水，以营造湿润的小气候。冬天浇水不能像夏季那样浇足、浇透，生长期与休眠期浇水要有所区别。

微型盆景置于贮水盆中浸泡

用细孔喷壶喷水

　　微型盆景土壤中所含养分往往不能满足植株生长的需求，如不及时补给，会引起长势不良，枝弱叶黄。但施肥切忌盲目，而应根据各树种的不同习性和生长情况区别对待，灵活掌握。观叶类盆景，以施用氮肥为主，磷、钾肥为辅。雀梅、黄杨、五针松等盆树假如过多地施用磷肥，会盛开无观赏价值的小花，影响新枝抽生。六月雪、石榴、火棘等花果类盆树，除了氮肥之外还得多施些磷、钾肥。施肥量要依季节的变化而进行相应的调整，做到适时、适量。春夏季是盆树生长的旺盛期，需多施肥；入秋后盆树生长的速度放慢，要少施肥；到了冬季，大多数树木进入休眠期，则应该停止施肥。需要提醒的是，微型盆景在刚上盆或翻盆后，或在大雨淋湿时，或在高温暴晒下，切勿施肥。另外，无论是有机肥（必须是经过发酵的熟肥）还是无机化肥，都应按照规定比例稀释至适当浓度后方可使用。

（三）

翻盆

微型盆景树桩经常年培养之后，须根丛生密集，盆土排水、透气性能日趋衰退，影响新根生长，因此必须进行翻盆换土。每年初春或深秋时进行翻盆最为稳妥。翻盆次数应依据不同树种及树势强弱而定，灵活掌握。杂木类树桩每年至少翻盆一次，松柏类树桩则间隔一两年翻盆一次。

翻盆应在盆土稍干后进行，这样树桩较易脱出。设法取出树土，弃除1/2或2/3旧土，并修剪根部；若根系发达，要多剪，反之则少剪或不剪。烂根及过长的老根必须剪掉。树桩重新栽植时，先在盆底排水孔处垫上塑料纱网或树叶，再铺一层薄泥。景树入座后，往四周逐步加进新土（优质山泥掺少许草木灰），小心壅培，轻捣定位。为防止意外松动，可用包塑电线将主干与盆钵固定住。盆树栽植的位置、角度要力求达到构图的均衡和完美。有时出于造型艺术的需要，还可调换更适宜的盆钵。

剪去烂根或过长的老根

（四）

病虫害防治

微型盆景植物生长在有限的盆土中，因而抗病虫害的能力比地栽的同种植物要弱，平时应重视预防为主，一旦发生病虫害，应按照"治早、治小"的原则加以根治。这里列举几种常见的病虫害的症状、病因及防治方法。

微型盆景常见病虫害及其防治

病虫害	症状	原因	防治方法
根腐病	枝叶萎蔫、脱落，逐渐枯死	浇水太勤，施肥过浓，通风透气差	疏松土壤，合理浇水施肥，注意光照和通风
煤烟病	叶面出现暗褐色霉斑，继而扩大	闷热不通风，受蚜虫和介壳虫侵害	改善环境，降低湿度，使用多菌灵、百菌清等杀虫剂
白粉病	叶面和嫩梢上出现白色斑点，继而增多，成白色粉状覆盖层	闷热不通风，受真菌侵蚀	改善环境，降低湿度，使用甲基硫菌灵、多菌灵或硫黄粉
蚜虫	嫩叶卷曲萎缩、脱落，植株枯萎	蚜虫群集嫩梢、叶背，刺吸汁液	使用乐果或亚胺硫磷乳剂
红蜘蛛	叶子发黄，出现小白点，不久枯黄脱落	在高温低湿条件下，红蜘蛛密集嫩芽	使用氧乐果或三氯杀螨醇乳剂
介壳虫	常并发煤烟病，引起枝叶枯黄、树势早衰甚至死亡	在通风不良、阴湿条件下，介壳虫群集于枝干和叶片上，吸取汁液	受害面小时用刷子除去介壳虫，严重时用除蚧宁等药剂

备注：杀虫剂均需配制成规定浓度后方可使用。

　　总之，微型盆景的日常养护比普通盆景要更严格、更细心、更耐心。

日常养护

制 作 与 养 护
错 误 实 例

修剪过度┃未经深思熟虑，把不该剪的枝叶剪掉了，因而陷入被动，后悔莫及。

雕刻过深┃雕刻时用力过猛，严重损伤树体，导致树木生长受到影响，甚至死亡。

金属丝过粗│金属丝过粗，绑扎弯曲易折断枝条，
弯曲过急、用力过大亦易折断枝条。

重心失衡│植株在艺盆内定位欠妥，树干紧靠盆
沿，重心随之移出盆外，盆树则呈倒
伏状，令观者感到很不舒服。

比例不当│艺盆宽又大，景树瘦又小，犹如少儿
系肥裙——难看。

比例不当│树干超长，树冠偏大，艺盆又小，
显得头重脚轻，好似大个子穿绣花
鞋——别扭。

严重缺水 由于长时间没有浇水，导致树干呈黄褐色，表明已经"病入膏肓"，无法挽救了。

浇水过量 由于过度浇水而使土中空气含量锐减，根系呼吸受阻，逐渐腐烂，直至死亡。

施肥过浓 浓肥会使土壤溶液渗透压增加，影响植物对水分的吸收，甚至把根烧伤，造成植物死亡。

运用盆、座、摆件烘托主题

（一）

艺盆的烘托

由下面两图可见，同样的微型盆景景树配不同的艺盆，其欣赏效果是不同的。

橙黄盆配景树

蓝盆配景树

　　配盆时要注意三点。其一，艺盆的大小、深浅要适宜，主要依据植株的粗细、高度、冠幅等因素而定。其二，艺盆的款式要与树姿相匹配。一般大树型、临水式、曲干式等造型常选用方形、矩形、圆形、六角形等规则艺盆；双干式、丛林式、附石式等造型常选用矩形或椭圆形浅盆；悬崖式等造型多用签筒盆。其三，艺盆的色彩要与景树协调。一般而言，红、黄、橙等暖色调给人以温暖、快活的感觉；蓝、绿、青等冷色调给人以清凉、恬静的感觉。多数树种适合配葵黄、棕褐、古铜色紫砂盆，松柏类常绿树种配黑色、红色盆，迎春等赏花类树种配光亮的釉陶盆，石榴等观果类树种配浅色釉陶盆等，这些都是比较合适的。

（二）

几座的烘托

　　几座与景盆共同构成盆景作品。选配几座时要注意：其一，几座的形状、大小要与景盆匹配。一般几面形状与盆底形状相同，如方盆配方几、圆盆配圆几等，大小亦然；放置时盆脚跟几面内缘相吻合，若几面无边框，则盆底

无几座的微型盆景

应略小于几面。其二，几座的高矮要与景树造型相宜，一般高脚几适宜于悬崖式、临水式等造型，矮脚书卷座适宜于丛林式、附石式等造型。其三，几座的色彩要与盆景主题内容相呼应。目前，微型盆景几座及景盆除了采用中老年人所喜欢的茶色、灰色、褐色外，也有用橙、蓝等年轻朋友喜爱的时尚色，这反映了微型盆景领域不断创新、与时俱进的倾向。

配上几座的微型盆景

（三）

摆件的烘托

摆件并非是微型盆景成品必不可少的构件。然而摆件对于微型盆景能起以小见大的作用，达到"树矮意境深、景小韵味浓"的效果，因此又确实非常重要。添加摆件时，也要注意三点：其一，摆件的品种要符合盆景的主题要求；其二，摆件的大小要符合盆景的比例要求；其三，摆件布设的位置要符合总体构图要求。

摆件对微型盆景的烘托作用

题 名 与
作 品 展 示

（一）

微型盆景题名

　　一件微型盆景作品单有好的景树造型和盆、几座、摆件等外观包装还不能算是完美的。与外国盆景不同，中国盆景讲究形神兼备、情景交融。因此，为了充分表达"神"与"情"，往往需要再给作品起个景名，点些主题，也叫做命名、题名。题名可以扩大对盆景外形的想象，加深对盆景意境的理解。贴切而含蓄的题名能使作品身价倍增。微型盆景所占空间很小，更有必要通过命名来画龙点睛，丰富内涵。

　　如何给自己做好的微型盆景小品取个景名呢？常见的方法有以下六种。

　　①根据外形题名，如《怒发冲冠》《狂野神韵》等；②拟人化题名，如《一夫当关》《心心相印》《相随到永远》等；③用名胜古迹题名，如《柳浪闻莺》《天目湖畔》等；④参照摆件题名，如《二胡变奏》《群猴闹春》等；⑤借用古诗名句题名，如《春江水暖》《孤帆远影》等；⑥采用人们耳熟能详的流行词语题名，如《国宝》《谁不说俺家乡好》等。

　　盆景题名分两种情况，一种是先命题后创作，另一种是有了作品再取名。不管哪种情况，都应当力求做到"三性"：①通俗性，切忌晦涩难懂，当然，

相随到永远

适合大众口味并不等于平淡无味，弃平庸、存新韵的景名读起来流畅爽口，如《农家乐》《素花飘香》《明月美酒》等；②趣味性，能以点滴笔墨寄寓题外乐趣，解读这类景名，虽非直截了当，但只要观景读名，再以名思景，便不难悟出寓意，如《情缘》《夏日雪景》《紫薇西游》等；③时尚性，艺术当与时俱进，盆景题名也不例外，适当地用上些时髦的新词也许会给古雅的盆景艺术带来一股朝气，引起年轻群体的关注，如《果吧》《老顽童》《指头卡通树》等。

孤帆远影

有时还可以在题名之后再加上一段赏析（或点评）文字，甚至配上一首题诗，使得微型盆景的内涵得到进一步延伸和拓展。现以作品《孤帆远影》为例分析如下。

赏析：近有树石，远有扁舟。一树、一石、一舟，以简练的手法营造出"树斜半腰，水落石出，江流有声，天际无限"的意境。眉月蔽寒空，孤帆缥缈中。

题诗：山寂雨后微树寒，舟横水中飘行难。孤帆渐远别江湾，不知何日载歌还？

（二）

微型盆景作品展示

微型盆景是供自己或别人观赏的鲜活的造型艺术品。一件构思新颖、小巧精美的微型盆景作品如果有格调高雅的环境衬托，那么其艺术形象会更具魅力。因此，微型盆景的陈设、展示也是不可忽视的一个重要环节。

微型盆景的陈设、展示需注意以下几点。

1. 要与展示环境相适应

展示的方式不外乎三种：室内绿化装饰，社区、公园展览，群众性或专业性评选活动。需根据各种展示方式的特定环境来考虑微型盆景的陈设方式。微型盆景往往会跟中小型盆景摆在一起，如单独摆放就会显得形单势薄，为了弥补这点不足，通常采用博古架或连体几座组合陈设，效果较佳。同时，微型盆景陈列处应有较好的光照，以利于景树进行正常的光合作用，保持鲜活。

2. 背景要简洁淡雅

由于微型盆景的色泽大多清淡、素雅，陈列处的背景切忌五颜六色，否则会转移视线，影响效果，一般用乳白色或淡蓝色墙面、板面或平布作背景。

3. 展品摆放的位置要适当

参展的微型盆景放置的高度以接近人们的视平线为宜。而在客厅、接待室等处，一般是坐着观赏，因此盆景的摆放高度应比参展时略低一些。多盆微型盆景共同陈列时，不宜全布置于同一高度，否则会让人感到呆板，缺乏节奏感。如悬崖式盆景就可以放得比其他形式高一些，叫人仰视景树，悬树凌空的感觉会更加逼真。

4. 不同类型的盆景要搭配陈设

　　微型盆景制作爱好者都会做出几种造型的盆景来，而且还会做些小型盆景，这样对成品摆设欣赏非常有好处，把不同树种、不同大小、不同造型、不同风格的作品进行搭配布置，如赏叶、赏花、赏果类树种的搭配，大树型、临水式、悬崖式造型的搭配，小型、微型、指上盆景的搭配，盆景与插花的搭配等，就能够充分展示出微型盆景的整体艺术美和特有的韵味。

▌室内微型盆景搭配一例

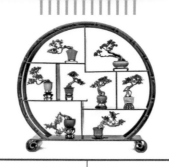

微型盆景

欣赏

铁骨矫姿

树种：对节白蜡

树高：14 厘米

雪花盖冠

树种：芙蓉菊

树高：13 厘米

劲草伴苍松

树种：锦松、菖蒲
树高：15 厘米

枯木逢春

树种：水杨梅
树高：10 厘米
石种：木化石
石高：11 厘米

赏心悦目

树种：榆树

石种：湖石

树连石高：15 厘米

绿阴茗趣

树种：朴树

树高：13 厘米

峭石翠叠

树种：地柏
石种：石笋石
树连石高：15 厘米

春归

树种：金银花
树高：12 厘米
造型：露根式

　　赏析：盆景界流传不少谚语，其中有这么两条："造无可名之形""形象美比造型美更重要"。意思是造型模式是人为划分的，但不能机械地生搬硬套，应提倡活学活用，不拘一格。研究盆内植物是属于露根式还是临水式，还不如探讨其形象特色。作品《春归》植株花藤光润，根茎难分，每片叶子都精神十足。春天来了，似乎要冲破一切束缚，尽情释放金银花的宜人清香。

虬枝繁叶饶风韵

树种：绒针柏
树高：15 厘米

牧鹅圆舞曲

树种：米叶冬青、女贞
树高：12 厘米、14 厘米

赏析：创新之路天地宽。微型盆景要达到更高的境界，单靠制作技艺还是不够的。美术、摄影等专业的渗入对提升作品的气质具有不可低估的作用。作品《牧鹅圆舞曲》黑色的背景把人们带进了音乐的殿堂。异株双盆、连体几架和独立摆件整合成轻歌曼舞的画面。牧鹅少年操笛伴奏，引来曲项放歌，无声的画面仿佛乐音萦绕，引人入胜。

喜相逢

树种：孔雀兰
树高：14 厘米
造型：双干式

老顽童

树种：米叶冬青

有朋自远方来

树种：对节白蜡

同一首歌

树种：米针柏

树高：11 厘米

造型：双干式

　　赏析：作品《同一首歌》的两株柏树都是用扦插法获取的，经过两年管理逐步成形。合栽的效果显然比单独上盆好，不仅增加了画面的厚实度，而且合成的近似不等边三角形大树冠给主景增色不小。正如同一首歌用不同的配乐会产生不同的聆听效果那样，同一种树，采用不同的技法、不同的布局，艺术效果迥然不同。

金鸡独立

石种：戈壁石

树种：米针柏

花好月圆（圆架组合）

上：金边黄杨（左）、榆树（右）

中：黄杨（左）、小蜡（左中）、米叶冬青（右中）、女贞（右）

下：地柏（左）、金银花（右）

群猴闹春

石种：龙骨石

树种：米针柏

我型我秀

树种：薜荔

　　赏析：植株虽小，各部位的造型却很讲究。拱干曲枝，疏叶清新。整体树形给人以放荡不羁、我行我素之感。盆景虽微，但苗木匹配，同居指间，秀色可餐。

一夫当关

树种：黑松
树高：14 厘米
造型：曲干式

前仆后继

树种：金边黄杨
树高：12 厘米、11 厘米

这儿黎明静悄悄

石种：石笋石
树种：六月雪
树连石高：15 厘米

剑拔弩张

树种：锦松
树高：15 厘米
造型：临水式

赏析：对难以开花结果或扦插不易成活的花木，可用嫁接的方法来繁殖。用来嫁接的枝条称为接穗，承受接穗的树木称为砧木。作品《剑拔弩张》的树坯就是嫁接而成的，接穗是锦松，砧木是黑松。嫁接法繁殖，除可保持植物品种原有的优良特性外，还能增强新植株的生命力。

指头卡通树

树种：黄杨

冲动

树种：迎春

驰骋沙场

树种：雀梅

龙门阵

树种：黑松（左）、大阪松（中）、
大阪松（右）
树高：14 厘米、12 厘米、12 厘米

崖边献技

树种：金边黄杨
石种：蓝玛瑙石
树连石高：15 厘米
造型：附石式

赏析：作品《崖边献技》
利用天然硬石的凹缝和金边黄
杨植株耐修剪整形的特点，做
成主景。假如制作到此为止，
那么盆景展现的是一幅静态的
画面。为了静中寓动，刻意在
石尖处挂上一对顽猴摆件，其
垂直位置已经超过盆沿，很容
易让人联想到杂技"空中飞人"
的场面，这样，静态便转化成
了动态。

寒枝冬节默含芳

树种：迎春

树高：14 厘米

造型：一本三干式

忆青春

树种：紫薇

树飘长：16 厘米

造型：临水式

赏析：树品即人品，怜花惜木是盆景爱好者必须具备的素质。可能谁都不会想到，作品《忆青春》盆中这株娇柔轻盈的紫薇十年前曾萎缩在一位花友家院子的角落里，主人准备废弃，作者见状后捡回。经过精心养护，如今面目一新，长波飘枝，楚楚动人。这正是养护、修剪、造型的作用，也是护花使者感到欣慰的结果。

小康协奏曲（博古架）

架顶：大阪松
上层：六月雪（左）、金边黄杨（中）、黑松（右）
中层：黄杨（左）、米叶冬青（中）、小蜡（右）
下层：绒针柏（左）、女贞（右）

不倒翁

树种：锦松

树高：13 厘米

造型：斜干式

东方之珠

树种：石榴

　　赏析：呈现在我们眼前的似乎是件镶嵌于指间的时尚饰品，圆滑的扁盆、碧绿的盆面、舒展的盆树，细枝翠叶，红珠点缀，竞相争妍，洋溢着勃勃生机。

书院迎春绿

树种：迎春

树高：14 厘米

造型：大树型

空中捞月

树种：地柏

　　赏析：指上盆景虽小，可是对景树的培养并非微不足道，而是跟做其他类型盆景一样，态度必须端正，不能急功近利，更不容弄虚作假。该小品中的地柏精心养护了整整十年，历经坎坷，尽管日久天长，难免有点瑕疵，但经遮陋补缺处理后，仍旧盘干曲躯、绰约多姿。那空中捞月的悬猴仿佛在向人们呐喊：想走好艺术之路，就勤练基本功吧！

哥俩好

树种：绒针柏

  赏析：一本双干式的树身细长得体，给人以清秀、俊美的感觉。别小看树旁一高一矮两块英石，它们是几经挑选、调试才配置成功的，使画面更具韵味。

舞台姐妹

树种：六月雪

秋思

树种：女贞

西北情

树种：西湖柳
树高：15 厘米
造型：劈干式

  赏析：树桩盆景是有生命、可移动的盆中造型艺术品，既然是有生命，那么随着时间的推延，形态就会有所改变。作品《西北情》之前曾发表过，当时只有枝梢生叶（见前面介绍的"劈干式造型"），而今左右爆绿，如日中天，表现大西北特有的文化底蕴也更加深厚，一派"春风已过玉门关"的新气象。

又到中秋月圆时

树种：米针柏

赏析：景树造型兼具一本双干和大树型的特征，针叶挺阔，浓冠葱郁，块茎似丘，树态醉人。植株定位恰到好处，陶塑摆件的放置更丰富了小品的文化内涵，增加了人们的想象空间：如今，国泰民安，衣食无忧，又逢中秋佳节，老汉举杯望明月，祈盼远方的儿女生活美满，事业有成。

风调雨顺

树种：榆树
树高：12 厘米
造型：大树型

春江水暖

树种：六月雪
树高：13 厘米
造型：微型水旱盆景

佛手托祥云

树种：米针柏

　　赏析：该小品的创意可以说是挑战传统盆景表现方式的一次有益尝试。佛手又名佛指香橼，其果实芳香，皮色橙黄，状如人手，系名贵的冬季观果花木，常用作室内摆设，供人玩赏。这里，佛手摆设既充当指上盆景的参照物，又成了盆座，一物两用，颇有新意。借助于签筒盆让柏树的两团针叶直冲云霄，景象奇特。如此构图是否可取？不妨抛砖引玉，请读者各抒己见，多加指点。

自古英雄出少年

树种：榕树

　　赏析：盆内的细叶榕已养护 3 年，树龄虽短却已初露峥嵘。画面生动而含蓄，简洁而练达。树表鳞波起伏，树体动静有致，气势不凡。

无题

树种：绒针柏
树高：16 厘米
造型：微型文人树盆景

海岛风情

树种：小叶合欢
树最高：14 厘米
造型：丛林式

109

古乔雄风

树种：米叶冬青

树高：12 厘米

造型：露根式

把根留住

树种：迎春

赏析：气根是从植物枝干萌发出来，暴露在大气中的不定根。"气根与枝干连体生长"是以榕树为典型代表的木本植物世界的独特现象。该迎春小品正是利用了树种独具的奇形而创制的，有形才能传神，有景才能抒情。迎春气根似长须，如垂柳，矮健清秀，有条不紊，无任何摆件，不刻意修饰，朴实的形、无华的景，反倒令人思量，发人深省。

秋色

树种：胡椒木及菖蒲

树飘长：14 厘米

造型：半悬崖式

一往情深

树种：六月雪

树高：14 厘米

造型：一本双干式

夏日雪景

树种：六月雪
树高：13 厘米
造型：一本双干式

老有所乐

树种：六月雪
树高：15 厘米
造型：一本双干式

干杯，盆友

树种：雀梅、真柏

赏析：多年来指上盆景作品的典型照片便是"一只手捏住小品"。单手单品，当为主流，但也不应千篇一律，该构图就安排了由两棵不同种类苗木制成的两件不同造型的小品，又分别用两个人的手举起，很自然地给人以举杯互敬的感觉。

希腊神话

树种：胡椒木

石种：戈壁石

树连石高：15 厘米

造型：附石式

绿叶对根的情意

树种：雀梅

　　赏析：该盆景醒目之处在于树叶和裸根。盘曲多姿的根系裸露于盆面，似乎是仅靠它的支撑，伞形树冠才得以舒展。作品既表现了根部的顽强精神，又突出了树叶的神态风姿。

113

苏绣赝品——花团锦簇图

树种：水杨梅

树高：13 厘米

造型：枯干式

赏析：作品《苏绣赝品——花团锦簇图》的色彩运用比较到位。从树容看，浅褐色的主茎及气根、浅紫色的花球、翠叶相衬，颜色都很清淡。看上去好像是一幅有江南名绣文采的丝织品，于是在配置艺盆及几座时，除了外形，还特别注意了色彩的协调性。这样，更使上方的画面酷似苏绣佳作，甚至令人产生"假作真时真亦假"的遐想。

林中行

树种：绒针柏

树最高：13 厘米

造型：丛林式

出水蛟龙

树种：地柏

树飘长：14 厘米

造型：悬崖式

心心相印

草种：菖蒲

造型：自由式

竹叶青

树种：凤尾竹

树高：12 厘米

造型：自由式

回味人生

树种：小蜡

树高：11 厘米

造型：临水式

百年好合

树种：芙蓉菊

听风

树种：金银花

赏析：这是典型的卧干式造型。盆树扦插成活、培育、养护至今已有 8 年之久。作品精致、成熟，构图优美。

春天在哪里

树种：迎春

亮剑

树种：黑松

浮云叠翠

树种：真柏

题联：树到阳春皆吐翠
　　　人遇盛世尽扬眉

猴嬉无名山

石种：英石
树种：米叶冬青
石高：11厘米
造型：附石式

秋树蕴清香

树种：对节白蜡
树高：10厘米
造型：曲干式

飞天断桥

树种：水杨梅

树高：12 厘米

造型：临水式

四世同堂

树种：女贞

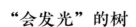

"会发光"的树

树种：雀舌黄杨

树高：13 厘米

造型：直干式

猴趣图

树种：榆树
树高：15 厘米
造型：直干式

天女散花

树种：六月雪
树飘长：17 厘米
造型：悬崖式

渴望

树种：米叶冬青

魔幻世界

石种：青州玲珑石
树种：迎春
石高：13 厘米
造型：附石式

难醒英雄梦

树种：绒针柏
树高：15 厘米
造型：一本双干式

流云飞雀

树种：米针柏
树最高：30 厘米
造型：文人树

　　赏析：作者主张文人清高不应离群，盆景脱俗勿离谱。这是一本多干式文人盆景，秀干耸天，良材辈出；冠叶翡翠，绿荫叠云。树高迎风，才子笑对云天，自信前程似锦。浅盆沃土丰满，几座简朴豁达。

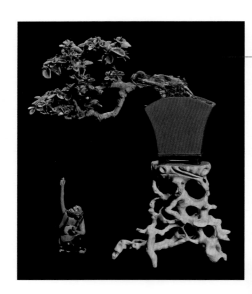

横空出世

树种：金边黄杨

树横长：14 厘米

造型：临水式

团团圆圆

树种：米针柏

月光下的琴声

树种：米叶冬青

舞

树种：米叶冬青

高山遇险记

树种：米叶冬青

银发寿星

树种：芙蓉菊

题联：体健身强能增寿

心宽德高可延年

朽柳显绿

树种：西湖柳

树高：15 厘米

造型：劈干式

雄桩横空

树种：榆树

树高：15 厘米

造型：枯干式

国宝

树种：凤尾竹

树高：13 厘米

造型：自由式